SITZUNGSBERICHTE DER DEUTSCHEN AKADEMIE
DER WISSENSCHAFTEN ZU BERLIN

*Klasse für medizinische Wissenschaften*
*Jahrgang 1951 Nr. 1*

*ERNST MANGOLD*

# WEGE ZUR STEIGERUNG DER EIWEISSVERSORGUNG IN DER TIERERNÄHRUNG

1951

AKADEMIE-VERLAG BERLIN

Vorgetragen in der Gesamtsitzung vom 17. Mai 1951
zum Druck genehmigt am gleichen Tage, ausgegeben am 25. August 1951.

Erschienen im Akademie-Verlag GmbH., Berlin NW 7, Schiffbauerdamm 19
Lizenz-Nr. 156 · 100/61/51
Satz und Druck: Deutsche Wertpapier-Druckerei VEB, Leipzig, III/18/185
Bestell- und Verlagsnummer: 2010/51/II/1
Preis: 1,65 DM
Printed in Germany

# Inhaltsübersicht

# Einleitung

Unersetzlichkeit des Eiweißes – Beschaffung des Futtereiweißes – Eiweißreiche Futterpflanzen — Tierisches und pflanzliches Eiweiß — Biologische Wertigkeit des Eiweißes

Unter den verschiedenen Kategorien von Nährstoffen: Eiweiß, Kohlenhydrate, Fett, Mineralstoffe und Vitamine, deren der Mensch und die Tiere zu ihrer Ernährung bedürfen, nimmt das Eiweiß eine besonders schwierige Stellung ein und erfordert in mehrfacher Hinsicht eine spezielle Berücksichtigung. An Kohlenhydraten besteht durch unseren Getreide- und Hackfruchtbau im allgemeinen kein Mangel, und ob wir oder die Tiere als Energiequelle für die Muskelkraft, Wärme- und Fettbildung mehr Rohrzucker oder Stärkemehl verzehren, ist physiologisch gleichgültig, weil beide durch die Verdauung und Resorption in Blutzucker verwandelt werden. Das Nahrungsfett kann weitgehend durch Kohlenhydrate ersetzt werden, doch werden neuerdings auch gewisse Fettsäuren als lebenswichtig betrachtet. Mineralsalze und Vitamine sind nach Art und Menge in jeder vielseitig zusammengesetzten Nahrung gewöhnlich ausreichend vorhanden, so daß nur bei den meist leicht erkennbaren Mängeln das Fehlende zu ergänzen ist.

Das Eiweiß aber muß der tierische Organismus in Form von möglichst verschiedenen pflanzlichen und tierischen Eiweißstoffen aufnehmen, um mit ihnen das im Stoffwechsel, der sich in der lebenden Eiweißmasse der Körperorgane abspielt, beständig verlorengehende Eiweiß zu ersetzen und um sie darüber hinaus beim wachsenden Tier zum Ansatz von Körpereiweiß zu verwenden. Hierin kann das Eiweiß als einziger stickstoffhaltiger Nährstoff durch keinen anderen vertreten werden. Es ist aber unter den Nährstoffen der teuerste und am schwersten zu beschaffen, so daß bei uns in der Ernährung der Menschen und der Nutztiere in den vergangenen Jahren die bekannte Eiweißlücke entstand, deren Ausläufer besonders für die Tierernährung auch heute noch der restlichen Ausfüllung bedürfen.

Angesichts der somit die Wurzeln unserer Existenz und Selbsterhaltung berührenden Frage der Eiweißerzeugung und ihrer demnach aktuellen Bedeutung möchte ich hier zusammenfassend über gewisse Möglichkeiten zur Steigerung der Eiweißversorgung berichten, an deren Grundlagen wir im Institut für Tierernährungslehre in zahlreichen Versuchsreihen an Nutztieren mitgearbeitet haben.

Zunächst fällt ja die *Beschaffung des Futtereiweißes* mit in die Aufgaben des Acker- und Pflanzenbaues, der stets bestrebt ist, durch seine Maßnahmen, besonders Stickstoffdüngung, die altbekannten Futterpflanzen auf möglichster Höhe ihres Eiweißgehaltes zu erhalten oder diesen noch zu steigern, und auch *neue eiweißreiche Futterpflanzen* zu züchten. Ich darf da an die eiweißreichen *Süßlupinen* erinnern, über deren günstige ernährungsphysiologische Eigenschaften ich an dieser Stelle berichten konnte ([19]).

Auch neuerdings haben wir uns mit einer erst kürzlich durch HÄRDTL ([9]) an das Licht des Interesses gezogenen Pflanze, der *Spitzklette* (Xanthium echinatum bzw. riparium) beschäftigt, deren Samenkörner mit ihren 43% an Eiweiß und 36% Öl an Nährstoffgehalt noch die Süßlupinenkörner mit ihren 30—48% Eiweiß und 4% Fett übertreffen. Wir fanden das nach der Entölung anfallende Spitzklettenpreßschrot mit seinen 35% an Rohprotein bei Vorversuchen an Kaninchen im Eiweiß zu 90% und im Fett zu 97% verdaulich und konnten es an diese Tiere mit einem Anteil von $^1/_3$ der Gesamtrationen verfüttern ([25]). Hier sind indessen noch weitere Fragen zu lösen, die sich auf den

Anbau dieser bisherigen Wildpflanze, auf die Ernte ihrer stacheligen Früchte und auf ein in ihnen enthaltenes und anscheinend nicht für alle Tierarten unschädliches Alkaloid beziehen.

Letzthin haben wir uns auch experimentell für die Kerne der *Sonnenblumen* interessiert, deren Eiweißgehalt von 14% neben etwa 30% Fett mit ihrer Verdaulichkeit von 88 bzw. 96% beim Kaninchen, allgemein wohl noch eine größere Beachtung als bisher verdient.

Es kann aber hier nicht meine Aufgabe sein, vergleichend den Eiweißgehalt aller Futterpflanzen aufzuzählen. Auch ist es heute kaum mehr notwendig, noch besonders auf die Bedeutung der bekannten eiweißreichen Kraftfuttermittel hinzuweisen, die von der Ölgewinnung als Raps-, Lein- und andere Ölkuchen, oder von der Getreideverarbeitung als Kleien, bei der Brauerei als Malzkeime, anfallen.

Und auch über die Erhaltung der Nährwerte durch die üblichen Methoden der *Konservierung eiweißreicher Futtermittel* mittels der *Einsäuerung* (Silage) oder der *künstlichen Trocknung* soll hier nur hervorgehoben werden, daß diese allgemein bekannten und bewährten Verfahren durch weitere Erstellung von Silos und Trocknungsanlagen noch einer viel umfangreicheren Verbreitung und Anwendung in der Landwirtschaft zugeführt werden müßten, um manche sonst leicht verderblichen Futterstoffe mit ihrem wertvollen Eiweißgehalt auch wirklich restlos für die Tierfütterung nutzbar zu machen.

Nur über die *Eiweißfuttermittel animalischer Herkunft* sei hier zunächst noch etwas gesagt. Seit RUBNER ist es bekannt, daß die menschliche Kost am zuträglichsten ist, wenn ⅓ bis die Hälfte der Eiweißration aus tierischem Eiweiß besteht, und beim Schwein und Geflügel als gleichfalls omnivoren Tieren lassen sich die optimalen Gewichtszunahmen bei der Aufzucht und Mast auch nur bei mindestens $^1/_3$ an tierischem Eiweiß erzielen, das hier in Form von Fischmehl, Magermilch, Fleisch-, Blut-

und anderen Tiermehlen gegeben wird. Diese Unentbehrlichkeit animalischen Eiweißes beruht auf der von K. THOMAS in Selbstversuchen nachgewiesenen *biologischen Wertigkeit der verschiedenen Eiweißarten*, d. h. der unterschiedlichen Fähigkeit und Eignung ihres verdaulichen Anteils, das beständig im Erhaltungsstoffwechsel des Tierkörpers verlorengehende Eiweiß zu ersetzen und bei wachsenden Tieren zum Ansatz von Fleisch und anderem Organeiweiß zu dienen. Die biologische Wertigkeit für Erhaltung sowie für Erhaltung und Wachstum läßt sich für jede Eiweißart durch besondere Stoffwechselversuche an Tieren quantitativ feststellen und nach einer Formel von THOMAS und MITCHELL in Prozentwerten ausdrücken. Im allgemeinen ergeben hierbei die Eiweißarten tierischer Herkunft die höheren Werte gegenüber den pflanzlichen Eiweißstoffen, und daher ist ein Anteil animalischer Eiweißfuttermittel für die Höchstleistungen der omnivoren Tiere unentbehrlich. Daraus ergibt sich aber, daß jede Steigerung der Tierproduktion und der tierischen Leistungen an Milch, Fleisch und Blut nicht nur direkt der rationellen menschlichen Ernährung zugute kommt, sondern durch ihre eiweißhaltigen Abfallerzeugnisse auch der Tierproduktion selbst, besonders für die der omnivoren Schweine und des Geflügels.

Die physiologische Erklärung für die Unterschiede der biologischen Wertigkeit nicht nur zwischen pflanzlichen und tierischen Eiweißarten, sondern auch innerhalb dieser Gruppen, liegt in dem außerordentlich verschiedenen chemischen Aufbau des Eiweißmoleküls aus den Eiweißbausteinen, den Aminosäuren, die, etwa 30 an der Zahl, die einzelnen Eiweißarten in ganz spezifischer und nach Art und Menge der Aminosäuren unendlich variierender Weise zusammensetzen, wobei sich etliche Aminosäuren für den Tierkörper als unentbehrlich und unersetzlich erwiesen haben und je nach ihrem Vorhandensein die Vollständigkeit oder Unvollständigkeit eines Eiweißstoffes und hierdurch seine biologische Wertigkeit bedingen. Auf diesen

Gradmesser des Eiweißwertes werden wir nachher noch mehrfach zurückgreifen müssen.

Im folgenden möchte ich nun hauptsächlich auf neuere Wege der zusätzlichen Eiweißbeschaffung eingehen, die auf den biologischen Eigenschaften gewisser niederer pflanzlicher Organismen beruhen und die nach dem heutigen Stande der Wissenschaft und Technik noch unbegrenzte Möglichkeiten eröffnen, um das Eiweißproblem in der Ernährung von Mensch und Tier der praktischen Lösung zuzuführen.

## Bierhefe

Schon sehr lange wird die bei der Brauerei abfallende *Bierhefe*, bestehend aus dem Hefepilz Saccharomyces cerevisiae, im frisch gekochten oder in trockenem Zustande als Eiweißbeifutter für alle Nutztierarten verwendet. Frisch enthält sie 7%, als Trockenhefe 43—55% Rohprotein (HAYDUCK u. STAIGER[10]), das sich in früheren Tierversuchen zu 88—95% verdaulich erwies. In neueren Versuchen von NEHRING und SCHRAMM ([30]) an Schweinen betrug die Verdaulichkeit des Eiweißes bei der frischen Preßhefe 91,4, bei der gekochten 89,5 und bei der Trockenhefe 91,0%, so daß die ersteren etwa 13 und die Trockenhefe 48% an verdaulichem Eiweiß enthalten.

In eigenen Versuchsreihen an Schweinen und Hämmeln([22]) fanden wir bei Schweinen das Rohprotein der frischen und Trockenhefe zu 91—94% verdaulich, so daß diese 9 bzw. 44% an verdaulichem Eiweiß enthielten. Dabei untersuchten wir vergleichsweise auch Bierhefen, die in Anbetracht der leichten Verderblichkeit der frischen Hefe und andererseits der Kosten für die Wärmetrocknung nach einem neuen Verfahren von FINK konserviert waren. Hier war durch Mischung der Hefe mit Melasse oder mit Rohzucker im Verhältnis 2:3 eine Abtötung der Hefezellen durch Plasmolyse erfolgt und die Haltbarkeit durch den hohen Zuckergehalt gewährleistet. In diesen zweierlei konservierten Hefen erwies sich aber die Eiweißverdaulichkeit herabgesetzt, sie betrug bei Schweinen nur 71 bzw. 72, und bei Hämmeln 73%. Und auch die biologische Wertigkeit des Gesamteiweißes, die wir in weiteren Stoffwechselversuchen prüften, war verringert; in der mit Melasse gemischten Hefe erreichte sie, offenbar infolge der Minderwertigkeit der in der Melasse befindlichen Amide, nur 60%, während sie sich in der mit Rohzucker plasmolysierten auf 74 belief. Hiergegen erhielten wir an unseren Schweinen bei der Trockenhefe eine biologische Wertigkeit von 87 für die Erhaltung und von 80 für Erhaltung und Wachstum. Die Trockenkonservierung erzeigte sich demnach doch als das schonendere Verfahren. Die hierbei erhaltene hohe b. W. ließ aufs neue die Bedeutung und den Wert dieses Eiweißbeifutters für die Tierernährung erkennen. Sie liegt für ein pflanzliches Eiweiß erstaunlich hoch, so daß gerade das Hefeeiweiß in dieser Beziehung durchaus mit tierischem Eiweiß konkurrieren kann; hatten doch unsere Versuche mit den so vielfältig bewährten Fischmehlen auch nur biologische Wertigkeiten von 74—87 ergeben.

Hiernach vermag das Hefeeiweiß weitgehend tierisches Eiweiß zu ersetzen. Zugleich bietet gerade die Hefe ein Schulbeispiel dafür, daß es im Hinblick auf die biologische Wertigkeit und das Vorhandensein aller essentiellen Aminosäuren im Gesamteiweiß der Nahrung oder des Futters wohl kaum möglich ist, den Eiweißbedarf mit einer einzigen Eiweißart zu decken, weil schließlich jede derselben die eine oder andere Aminosäure in nicht ausreichender Menge enthält. So hat sich durch die Arbeiten meines früheren Mitarbeiters HOCK(11) mit FINK(12) und DOBBERSTEIN(3) gezeigt, daß die Hefen der schwefelhaltigen Aminosäure Cystin ermangeln und bei ihrer alleinigen Verfütterung als Eiweiß, z. B. an Ratten eine Acystinose hervorrufen, die nach DOBBERSTEIN auf einer Lebererkrankung beruht und die durch Beifütterung von Cystin verhütet werden kann.

## Sulfitablaugenhefe

Wenn nun trotzdem die Bierhefe nach langjährigen Erfahrungen der praktischen Fütterung ein sehr wertvolles Eiweißbeifutter darstellt, so steht sie doch nur als Abfallprodukt zur Verfügung und kann nicht in beliebig gewünschten Mengen erzeugt werden. Hingegen ist dies in unbegrenztem Maße mit gewissen *Wildhefen* gelungen, besonders mit Torulopsis utilis, auch *Torula* genannt. Das hierbei schon von HENNEBERG und DELBRÜCK verfolgte Ziel (s. KREIPE[15]), diese anspruchsloseren Hefen neben den notwendigen Kohlenhydraten nur mit anorganischem Stickstoff zu versorgen und unter Herabsetzung der Alkoholbildung durch intensive Belüftung zu einer schnellen massenhaften Vermehrung zu bringen, wurde durch FINK([4, 7, 8]) und seine Mitarbeiter im Institut für Gärungsgewerbe erreicht. Bei dieser *biologischen Eiweißsynthese* vermögen die *Wuchshefen* aus je 100 g Traubenzucker mit rein anorganischem Stickstoff von Ammoniumsalzen 50 g Eiweiß durch ihre Zellvermehrung zu erzeugen. Diese verläuft so stürmisch, daß sie in 8 Stunden das Achtfache des Anfangsgewichtes beträgt und daß aus 1 kg Hefe in 12 Tagen 200000 kg entstehen (KREIPE[15]).

Als Nährboden werden dabei an Stelle der anfangs verwendeten, aber zu teuren Holzzuckerwürzen die billigen und massenhaft anfallenden *Sulfitablaugen der Zellstoffabrikation* aus Nadelholz und Buchenholz verwertet (FINK[5, 21]), die ja auch noch vergärbaren Zucker enthalten, oder auch die Vorhydrolysate der Zellstoffkocherei aus Holz und Stroh nach dem Sulfatverfahren (KREIPE[14]), ferner die Melasseschlempen von der Spritgewinnung aus Melasse. Diese Verfahren sind für die großtechnische Herstellung vollkommen durchgearbeitet. Es gilt heute nur noch, sie durch Vergrößerung der Anlagen billiger zu gestalten und deren Leistungsfähigkeit bis zur völligen Deckung der noch bestehenden Eiweißlücke zu steigern.

Denn diese Produkte haben sich in der Tierernährung durchaus bewährt. Sie enthalten, im Walzentrockner getrocknet, in der Trockensubstanz 50—55% Rohprotein, 1,5—2% Fett, 30—35% Kohlenhydrate und neben 8% an Aschensalzen noch wertvolle Vitamine, besonders der B-Gruppe; diese werden nach Versuchen von SCHEUNERT[35] mit Bierhefe durch die Walzentrocknung nur wenig beeinflußt.

Mit solchen Sulfitablaugehefen sowohl von Kiefern- wie Buchenholz hat besonders RICHTER([33, 34]) eingehende Versuche angestellt. Diese beiden Hefen enthielten lufttrocken 46% Roh- und 42% Reinprotein. Das Rohprotein zeigte sich bei Schweinen zu 78 und 85%, bei Schafen zu 86, das Reineiweiß bei ersteren zu 76 und 90 und bei Schafen zu 82—85% verdaulich. Bei Kühen wirkten tägliche Gaben von 1—2 kg im Austausch gegen Sojaschrot günstig auf die Milchleistung, und auch für die Schweinemast erwiesen sich tägliche 200 g als hochwertiges Eiweißbeifutter. Das gleiche ergab sich aus den Arbeiten von CRASEMANN[2] und SCHÜRCH[37] mit Sulfitablaugen und Holzzuckerhefen aus einer schweizerischen Zellulosefabrik, wobei sich 5—8% dieser Trockenhefen im Futter für die Schweinemast bewährten.

Auch wir haben mit solchen Torulahefen, die uns als *Nährhefen oder Futterhefen* aus Wolfen und Schönebeck zur Verfügung gestellt wurden, in Tierversuchen recht gute Ergebnisse gehabt, indem sie von unseren Kaninchen bis zu 15 und 25% im Futter gern genommen wurden und sich das Eiweiß, das sie lufttrocken zu 41 bzw. 50 und 55% enthielten, zu 82—89% verdaulich erwies (NICKISCH[31]).

Übrigens hat kürzlich HOCK[11a] bei Ratten, die 85% ihres Futtereiweißes in solcher Sulfitablaugenhefe aus Mannheim-Waldhof und den Rest in Roggen und Weizen erhielten, keine Leberschädigung mehr beobachten können und hiernach vermutet, daß die neuere Herstellungsweise den ungünstigen Einfluß beseitigt, der nach CREMER[2a] in früheren Versuchen anderer Autoren auch durch die krankmachende Wirkung der als Grundfutter gegebenen rohen Kartoffelstärke bedingt war und durch gekochte Kartoffelstärke oder rohe Maisstärke vermieden werden kann. In allen Fällen wirkt aber Cystin schon mit 0,2% im Futter steigernd auf das Wachstum mit Hefen gefütterter Tiere (HOCK[11a]) und vermag es auch, die biologische Wertigkeit des Torulaeiweißes bei Ratten von 63—66 auf 70—77% zu steigern (FELIX[3a]).

## Sprithefe

Ein weiteres als Futterhefe geeignet erscheinendes Produkt fällt aus der Zellstoffabrikation in großen Mengen in Form der getrockneten *Sprithefe aus Sulfitablaugen* an. Sie ist der Rückstand von der Alkoholgewinnung aus diesen und enthält neben der Hefe reichlich anorganische Niederschläge, in diesen aber Blei, Kupfer und Arsen, die bei ungünstig verlaufenen Fütterungsversuchen an Forellen als Ursache der Schädigung angenommen wurden. Um nun diese Sprithefe exakt auf ihre etwa erst nach längerer Zeit auftretenden schädlichen Wirkungen zu prüfen, haben wir in unserem Institut mit einer solchen aus Mannheim-Waldhof, die 17% Rohprotein und 26% Asche enthielt, an weißen Ratten durch 3 Generationen Aufzuchtversuche durchgeführt[21], wobei die 2 Versuchsgruppen 20 bzw. 40% dieser Sprithefe in ihrem Futter bekamen und daneben 2 Kontrollgruppen in gleichen Eiweißmengen mit der bewährten Cenovishefe gefüttert wurden. Hierbei ergab sich in den Sprithefegruppen ein geringes Absinken der Wurfgrößen, jedoch eine völlig normale Gewichtsentwicklung der Jungen. Auch blieben diese Gruppen von einer Paratyphusepidemie der Cenovis-Tiere verschont, vielleicht infolge der bakteriziden Wirkung jener metallischen Gifte. Jedenfalls durfte die Sprithefe hiernach als Eiweißbeifutter auch für die Nutztiere als unschädlich angesehen werden, zumal hier eine 20- oder gar 40proz. Beifütterung derselben zum Gesamtfutter wohl kaum in Betracht kommt.

## Eiweißschlempeflocken

In einem anderen Verfahren, um Hefe in einem für die Tierernährung geeigneten Zustande zu gewinnen, hat FINK(6) eine *Kartoffelhefe oder Eiweißschlempe* entwickelt. Hierbei werden gedämpfte Kartoffeln mit Malz verzuckert und der Zucker nur mit anorganischem Stickstoff aus Ammoniumsalzen durch Wuchshefen in deren Zelleiweiß übergeführt. Die getrockneten, hälftig aus Kartoffel und Torula bestehenden *Eiweißschlempeflocken* enthalten 34—39% Rohprotein, das sich in den Versuchen unseres Instituts (28) bei Schweinen zu 77 und bei Schafen zu 82% verdaulich erwies. Auch fanden wir wieder eine für pflanzliches Eiweiß außerordentlich hohe biologische Wertigkeit von 94 für die Erhaltung sowie von 73 für Erhaltung und Wachstum, wobei sich diese günstige Eigenschaft des Hefeeiweißes mit der fast gleichwertigen des Kartoffeleiweißes ergänzte, wie wir sie in früheren Versuchen gefunden hatten (s. später). Dieselben Eiweißschlempeflocken bewährten sich uns auch bei der Aufzucht von Rhodeländer-Küken(24), in deren Futter wir die übliche Fischmehlration gruppenweise um die Hälfte, $^3/_4$ oder ganz durch das Kartoffelhefeeiweiß ersetzten und erst bei $^3/_4$ eine beträchtlichere Verminderung der Gewichtszunahmen um 25% feststellen konnten.

## Pilzmyzel

Neben den verschiedenen Arten von Hefepilzen haben nun für die technische Eiweißgewinnung durch biologische Eiweißsynthese auch noch *andere Pilze* eine große und in ihrer praktischen Verwertung noch längst nicht ausgeschöpfte Bedeutung. Hier sei auf die erfolgreichen Versuche hingewiesen, aus Aspergillus oryzae und Oidium lactis lebende Eiweißmassen zu züchten, die auch schon ihre Eignung zur Verwendung als Nahrungs- und Futtermittel erwiesen haben.

Auch auf diesem Gebiete haben wir uns mehrfach durch Tierversuche beteiligt. So haben wir das von FINK auf Kartoffeln gezüchtete und zu *Pilzeiweißflocken* getrocknete Pilzmyzel von Aspergillus oryzae an Schweine und Schafe gegeben(29) und die darin enthaltenen 22,5% an Rohprotein zu 64 bzw. 70% verdaulich befunden, mit einer auch hier wieder sehr hohen biologischen Wertigkeit, die sich bei den Schweinen auf 95 für Erhaltung und auf 79 für Erhaltung + Wachstum belief. Und ferner konnten wir getrocknetes Pilzmyzel von Oidium lactis aus Crossen bis zu 25% des Futters an Kaninchen mit bester Bekömmlichkeit verfüttern, wobei sich der Eiweißgehalt, der lufttrocken 43% betrug, zu 76% verdaulich zeigte (NICKISCH 31).

Neuerdings hat noch WOLFF in Knau(39) über, abgesehen von den noch zu hohen Kosten dieses Futtermittels, günstige Erfahrungen mit Pilzmyzel in der Schweinemast berichtet, bei der er Naßmyzel zu 1,5 kg täglich ohne Schädigung verfüttern konnte und mit Trockenmyzel, zugleich mit Tierkörpermehl je 75 g gegeben, bessere Gewichtszunahmen erzielte als in der Normalgruppe allein mit Tierkörpermehl, so wie er auch mit 150 g Trockenhefe und dazu 1,5 kg Molke erstaunliche Zunahmen erhielt.

## Kartoffeleiweiß

Auch über die *Kartoffel* selbst führen übrigens noch Wege zur Steigerung der Eiweißerzeugung. Zu den wertbestimmenden Eigenschaften dieses Nahrungs- und Futtermittels gehört nämlich neben dem reichen Gehalt an Kohlenhydrat und Vitamin C die besonders hohe biologische Wertigkeit ihrer Eiweißstoffe, so daß es nur zu bedauern ist, daß die Kartoffel bis jetzt noch nicht auf einen höher als 2% liegenden Gehalt an Rohprotein gezüchtet werden konnte.

Wir hatten schon in Versuchen von LINTZEL mit SCHIFTAN(36) aus unserem Institut mit Kartoffeln bei Schweinen eine biologische Wertigkeit von 70 für Erhaltung und 73 für Erhaltung + Wachstum gefunden, womit das Kartoffeleiweiß bereits an die von tierischen Eiweißarten bekannten Werte heranrückte. Noch wesentlich günstigere Ergebnisse erhielten wir dann mit speziellen Kartoffeleiweißprodukten, wie sie nach KRÖNER([16, 17]) aus dem bei der Stärkefabrikation abgetrennten Fruchtwasser durch Trocknung als *Kartoffeleiweißpülpeflocken* oder durch Hitzekoagulation als *Kartoffeleiweißflocken* hergestellt werden. Für das in diesen Produkten bei Schweinen zu 66 bzw. 74 % verdauliche Eiweiß ergab sich aus unseren Stoffwechselversuchen an diesen Tieren eine biologische Wertigkeit von 79—88, im Gesamtdurchschnitt von 84 ([18, 20]). Hiernach erweist sich das Kartoffeleiweiß in seiner Fähigkeit, das im Stoffwechsel umgesetzte Eiweiß zu ersetzen und zum Ansatz von Körpereiweiß zu dienen, als gleichwertig mit den Fischmehlen, für die wir und andere, wie schon erwähnt, mit der gleichen Methodik Werte von 74—87 erhielten.

Als weniger günstig erwiesen sich die genannten Kartoffeleiweißprodukte beim Geflügel, da sie in unseren Kükenaufzuchtversuchen für gute Gewichtszunahmen noch eine erhebliche Ergänzung durch tierisches Eiweiß erforderlich machten ([23]).

## Amid-Futtermittel

Die Frage der Eiweißversorgung kann bei den verschiedenen Gruppen unserer Nutztiere je nach den physiologischen Gegebenheiten ihres Organismus z. T. in ganz verschiedener Weise gelöst werden. So sind unter den reinen Pflanzenfressern die Wiederkäuer durch das System der großen Vormägen ausgezeichnet, in denen die symbiontischen Pansenbakterien ihnen helfen, die an Rohfaser reiche Pflanzennahrung durch eine stürmische Cellulosevergärung aufzuschließen und den Verdauungsfermenten zugänglich zu machen. Sie treiben hierbei hinsichtlich des Eiweißes eine Veredelungswirtschaft, indem sie aus niederen Stickstoffverbindungen ihr Bakterieneiweiß aufbauen, das dann nach der HAGEMANNschen Theorie vom Wirtstier selbst verdaut und ausgenützt wird. Hierauf beruhen, nach einer Idee von LEMMERMANN, die Bestrebungen, den Wiederkäuern *als Eiweißersatz „Amide“*, d. h. N-haltige Stoffe nicht eiweißartiger Natur, zuzuführen, um durch deren bakterielle Synthese zu verdaulichem Eiweiß an echtem Eiweiß im Futter zu sparen. So gelangte man nach mancherlei Vorversuchen mit Harnstoff und Ammoniumsalzen zu den *„Amidfuttermitteln“*, die aus einem Amidträger wie Rübenschnitzel oder Kartoffelflocken bestehen, denen Harnstoff oder dergleichen aufgetrocknet wurde. Nach erfolgreichen Großversuchen an Milchkühen mit teilweisem Ersatz des Futtereiweißes durch Amide blieb noch die Frage, ob die Tiere nicht in den Amid-Fütterungs-Perioden statt des fehlenden Futtereiweißes ihr eigenes Körpereiweiß angegriffen hatten. Daher habe ich mit STOTZ ([26]) bei wachsenden Bullenkälbern die Bilanzen des N-Stoffwechsels verfolgt, wobei die Tiere periodenweise 25% ihres Eiweißbedarfs durch an N gleiche Mengen von reinem Harnstoff oder von Harnstoff-Kartoffelflocken ersetzt bekamen. Hierbei ergab sich, daß der prozentische N-Ansatz in den Amidperioden gegenüber dem nur mit richtigem Eiweiß durchgeführten Grundfutterversuch praktisch der gleiche blieb. Es kann also tatsächlich damit gerechnet werden, daß, wie auch Versuche von SCHMIDT und KLIESCH an Zwillingskühen über die Milchleistung bestätigten, etwa ¼ des Eiweißbedarfs der Wiederkäuer durch Amidfuttermittel gedeckt werden kann. Auch zahlreiche amerikanische Arbeiten kamen zu positiven Ergebnissen.

Hier liegen noch große Möglichkeiten zur Eiweißersparnis offen, und es kommt nur darauf an, die chemische Industrie zur größeren Produktion von Harnstoff oder Ammoniumsalzen zu aktivieren und zugleich mehr Material an Amidträgern aus der Landwirtschaft zu gewinnen, um dieser die Amidfuttermittel für die praktische Fütterung zurückzugeben. Als solche lassen sich die Amide außer mit Rübenschnitzeln oder Kartoffelflocken auch mit Kraftfutter wie Kleien und Leinkuchenmehl kombinieren. Bei Harnstoff-Leinkuchenmehl fanden wir (27) den Gehalt an Rohprotein von 72% ebenso wie bei Harnstoff-Kartoffelflocken nach SOLTAU und KRÖNER aus dem Institut für Gärungsgewerbe mit ihren 50% Rohprotein bei Schafen zu 92—93% verdaulich.

## Vitamin B 12

Zum Schlusse möchte ich noch auf eine neue und ganz andersartige Möglichkeit hinweisen, die Eiweißversorgung für die Tiere, zunächst für Omnivoren zu verbessern. Hierbei handelt es sich nicht um eine Mehrerzeugung von Futtereiweiß, sondern um Steigerung seiner Ausnutzung und biologischen Wertigkeit. Zuerst hat wohl STAHL in Ruhlsdorf(38) in Aufzuchtversuchen an Schweinen gefunden, daß sich die das Wachstum beschleunigende Wirkung des Fischmehls weitgehend durch eingedickte Fischbrühe, den kondensierten Preßrückstand von der Fischmehlherstellung, ersetzen läßt, so daß schon diese allein bei sonst rein pflanzlichem Futter beste Gewichtszunahmen herbeiführt. Hiernach mußte diesem Produkt über seinen eigenen geringen Eiweißwert hinaus eine Sonderwirkung zukommen.

Gleichzeitig hat HAMMOND gefunden, daß bei Küken die Beifütterung von Kuhdung eine wachstumsbeschleunigende Wirkung ausübt. Hieraus entwickelt sich sehr schnell die Lehre vom Animal Protein Factor (APF), einem Tier-Eiweiß-Faktor, als dessen wichtigster Bestandteil ein neues Vitamin, B 12, aus Fischbrühe, Tierdung und besonders aus den den Penicillin- und Streptomycin-Pilzen verwandten Streptomyces griseus und aureofaciens schließlich in roten Kristallen rein dargestellt werden konnte. Dieses auch als Aureomycin oder wegen seines bemerkenswerten Gehaltes an Cobalt als Cobamin bezeichnete B 12 erwies sich als wahrscheinlich identisch mit dem Anti-Perniciosa-Faktor der Humanmedizin, dem Wirkstoff der Leber gegen Anämie. Die Entdeckung des neuen Vitamins hat besonders in

Amerika eine fieberhafte Forschungstätigkeit ausgelöst. Zahlreiche Versuche an Schweinen und Hühnern bestätigten seine das Wachstum beschleunigende und tierisches Eiweiß ersetzende Wirkung, die offenbar am Eiweißstoffwechsel angreift. Denn es ergab sich aus Blutuntersuchungen an Küken (CHARKEY und Mitarb.[1]), daß die im Blute zirkulierenden Aminosäuren schneller und vollständiger für den Gewebsaufbau ausgenutzt werden als sonst, und daß die Zufütterung reiner Aminosäuren nur dann das Wachstum verbesserte, wenn auch B 12 gegeben wurde (RICHARDSON ([32]), JUKES und STOKSTAD [13]).

Hiernach hat man sich die Wirkung offenbar so vorzustellen, daß in ähnlicher Weise, wie das antirachitische Vitamin D im Mineralstoffwechsel das Kalzium-Phosphor-Verhältnis im Ansatz bei wachsenden Tieren zu regulieren vermag, so das Vitamin B 12 die Ausnutzung der Aminosäuren und ihre Synthese beim Eiweißaufbau reguliert, wodurch dieser dann auch aus rein pflanzlichen Eiweißstoffen von geringerer biologischer Wertigkeit in optimaler Weise vor sich gehen kann. Die hohe wirtschaftliche Bedeutung des B 12 für die landwirtschaftliche Tiererzeugung zum Zwecke der Fleischproduktion für die menschliche Ernährung liegt darin, daß durch B 12 bei der Tierfütterung, zunächst bei Schwein und Geflügel, die bisher erforderliche Gabe an tierischem Eiweiß von ⅓ der Gesamteiweißration erspart werden kann und dieses wie besonders die Magermilch, daher noch außerdem unmittelbar als menschliche Nahrung verwendet werden könnte. B 12 würde auch die heute so im Vordergrunde stehende Berücksichtigung der biologischen Wertigkeit der Futtereiweißstoffe durch seine in dieser Hinsicht ausgleichende Wirkung weniger notwendig machen.

Übrigens ist wohl durchaus anzunehmen, daß B 12 auch bei dem ebenfalls omnivoren Menschen dieselben Wirkungen hat und in Zeiten des Mangels an hochwertigem Eiweiß, wie wir sie gehabt haben, mit ihrer Hypoproteinämie und den Hungerödemen, gute Dienste leisten könnte.

Angesichts dieser umwälzenden Entdeckungen ist nur zu hoffen, daß es auch bei uns bald gelingen möge, dieses neue Vitamin herzustellen und in den erforderlichen Mengen selbst zu erzeugen.

Zusammenfassend möchte ich sagen, daß die hier gegebenen Ausführungen darauf hinweisen sollten, wie zur Steigerung der Eiweißversorgung in der Tierernährung und hierdurch indirekt auch für die menschliche Ernährung noch manche Wege offenstehen, die durch die Vorarbeiten der wissenschaftlichen Forschung für die Praxis bereits geebnet wurden, und die es nun gilt, durch Erweiterung der technischen Möglichkeiten sowie durch wirtschaftliche Maßnahmen zu verbreitern und bis zu ihrem Ende und zum erstrebten Erfolge durchzuführen und gangbar zu machen.

# Literaturverzeichnis


[1] Charkey, L. W., H. S. Wilgus, Patton, Gassner, Vitamin B. 12 in amino acid metabolism. Proc. Soc. Exp. Biol. Med. *73*, 1950, 21.

[2] Crasemann, E., u. A. Tscherniak, Vergl. Schweinemastversuch mit Holzzuckerhefe und Fischmehl. Ztschr. f. Tierern. u. Futtermittelkde. *3*, 1940, 6.

[2a] Cremer, H.-D., Der biologische Wert von Hefeeiweiß für das Wachstum der Ratte. Biochem. Ztschr. *321*, 1951, 292.

[3] Dobberstein, J., u. A. Hock. Ztschr. f. physiol. Chem. *280*, 1944, 21.

[3a] Felix, K., u. J. Pendl, Die Aminosäuren und die biologische Wertigkeit des Hefeeiweißes. Hoppe-Seylers Ztschr. f. physiol. Chem. *283*, 1948, 128.

[4] Fink, H., Beiträge zum Futterhefenproblem. Ztschr. f. Spiritusindustrie *59*, 1936, 373.

[5] Fink, H., Zur Frage der Futterhefegewinnung aus Sulfitablauge. Wochenblatt d. Papierfabrikation. 1937. Nr. 48.

[6] Fink, H., Zeitschr. f. Spiritusindustrie 1937, 57; Zeitschr. f. angew. Chem. *51*, 1938, 475.

[7] Fink, H., Ber. über die Arbeiten der Versuchs- und Lehrbrauerei Berlin. Verlag d. Tageszeitung f. Brauerei 1941. Mit Arbeitenverz. 1936—40.

[8] Fink, H., u. R. Lechner, Zeitschr. f. angew. Chemie *49*, 1936, 775.

[9] Härdtl, H., Die Spitzklette. Mitt. d. DLG. *3*, 1950, 132.

[10] Hayduck, F., u. G. Staiger; Futtermittel aus der Gärungsindustrie. In E. Mangold, Handb. d. Ernährung u. d. Stoffw. d. landwirtsch. Nutztiere. Bd. I. 411. Berlin, J. Springer 1929.

[11] Hock, A., Der Ersatz von tierischem Eiweiß durch Hefeeiweiß. Biochem. Ztschr. *311*, 1942, 385.

[11a] Hock, A., Über den biologischen Wert des Eiweißes von Futterhefe für das Wachstum der Ratte. Biochem. Ztschr. *321*, 1951, 302.

[12] Hock, A., u. H. Fink, Zeitschr. f. physiol. Chem. *278*, 1943, 136.

[13] Jukes, T. H., E. L. Stokstad, H. P. Broquist, Effect of vitamin B 12 on the response to homocystine in chicks. Arch. Biochem. *25*, 1950, 453.

[14] Kreipe, H., Mikrobiol. Eiweiß-Synthese aus Stroh- und Holzhydrolysaten. Die Lebensmittelindustrie *1*, 1949, 57.

[15] Kreipe, H., Die Fabrikation der Futterhefe und ihre Grundlagen. Archiv f. Tierernährung *1*, 1950, 56.

[16] Kröner, W., u. H. Falta, Ein Beitrag zur Frage der technischen Gewinnung von Kartoffeleiweiß. Zeitschr. f. Spiritusindustrie. 1936, Nr. 49—52.

[17] Kröner, W., u. W. Völksen, Die Kartoffel. 2. Aufl. J. A. Barth, Leipzig, 1950. S. 55.

[18] Mangold, E., Verdaulichkeit, biologische Wertigkeit von Kartoffeleiweiß beim Schwein und Geflügel. Forschungsdienst *5*, 1938, 57.

[19] Mangold, E., Die ernährungsphysiologischen Eigenschaften der Süßlupinen. Sitz.-Ber. d. Deutschen Akad. d. Wiss. Berlin. Math. Nat. Klasse. 1949. Nr. III.

[20] Mangold, E., u. A. Columbus, Verdaulichkeit und biologische Wertigkeit von Kartoffeleiweiß beim Schwein. Die Landw. Versuchsstationen *129*, 1937, 12.

[21] Mangold, E., A. Columbus, A. Hock, Versuche mit Dauerfütterung von Sprithefe aus Sulfitablauge der Zellstoffabrikation an Ratten. Tierernährung *11*, 1939, 357.

[22] Mangold, E., A. Columbus, A. Peham, Über die Verdaulichkeit und biol. Eiweißwertigkeit von frischer und konservierter Bierhefe, nach Versuchen an Schweinen und Wiederkäuern. Tierernährung *13*, 1941, 189.

[23] Mangold, E., u. H. Damköhler, Versuche über die Verdaulichkeit neuer Kartoffeleiweißprodukte bei Hühnern und über ihre Eignung als Eiweißfutter zur Kükenaufzucht. Arch. f. Geflügelkunde *11*, 1937, 382.

[24] Mangold, E., u. H. Kipp, Über die Eignung von pflanzlichem im Vergleich zu tierischem Eiweiß für die Kükenaufzucht mit bes. Berücksichtigung der Eiweißschlempeflocken nach Fink. Arch. f. Kleintierzucht *3*, 1942, 49.

[25] Mangold, E., u. K. Nickisch, Spitzklettenpreßschrot als Futtermittel. Tierzucht *3*, 1950, 41.

[26] Mangold, E., u. H. Stotz, Versuche über die Stickstoffbilanz beim Rinde mit Harnstoff und Amidflocken als Ersatz von Eiweiß. Die Landw. Versuchsstationen *127*, 1936, 97.

[27] Mangold, E., u. H. Stotz, Versuche über Bekömmlichkeit und Verdaulichkeit neuer Harnstoffuttermittel. Die Landw. Versuchsstationen *128*, 1937, 199.

[28] Mangold, E., H. Stotz, A. Columbus, Die Verdaulichkeit der Finkschen Eiweißschlempe bei Schweinen und Wiederkäuern und die biologische Eiweißwertigkeit der Kartoffelhefe. Forschungsdienst *10*, 1940, 183.

[29] Mangold, E., H. Stotz u. A. Columbus, Versuche über Verdaulichkeit und biologische Eiweißwertigkeit der Pilzeiweißflocken nach H. Fink an Wiederkäuern und Schweinen. Forschungsdienst *12*, 1941, 212.

[30] Nehring, K., u. W. Schramm, Über die Ausnutzung von Brauereiabfallhefe in frischem, gekochtem und getrocknetem Zustand. Ztschr. f. Tierernährung u. Futtermittelkunde *3*, 1939, 97.

[31] Nickisch, K., Hefe und Pilzmyzel als Eiweißfutter, nach Versuchen an Kaninchen. Arch. f. Tierernährung *2*, 1951.

[32] Richardson, L. R., u. L. G. Blaylock, Vitamin B 12 and amino acids as supplement to soybean oil meal and cottonseed meal for growing chicks. Journal Nutrition *40*, 1950, 169.

[33] Richter, K., u. R. Ehinger, Der Futterwert von Sulfitablaugenhefe. Ztschr. f. Tierernährung u. Futtermittelkunde *1*, 1938, 235; *2*, 1940, 1.

[34] Richter, K., u. H. Gafert, Futterwert und Futterwirkung von getrockneter Sulfitablaugenhefe nach Untersuchungen an Wiederkäuern und Schweinen. Ztschr. f. Tierernährung u. Futtermittelkunde *6*, 1941, 79.

[35] Scheunert, A., Biochem. Ztschr. *212*, 1929, 80.

[36] Schiftan, H., Über die biologische Wertigkeit des Futtereiweißes bei wachsenden Schweinen. Arch. f. Tierernährung u. Tierzucht *8*, 1932, 212.

[37] Schürch, A., Sulfitablaugenhefe als Zusatzfutter zu Haushaltungsabfällen in der Schweinemast. Sonderdruck, Hess, Bensheim, 1949.

[38] Stahl, W., u. E. Friedrich, Versuche mit eingedickter Fischbrühe (Fischextrakt) in der Schweinemast. Journ. f. Landw. *87*, 1940, 290.

[39] Wolff, W., Trockenhefe als wertvolles Eiweißfutter in der Schweinemast. Tierzucht *5*, 1951, 127.